小牛顿趣味动物馆

海鸥

（加）阿兰·M. 贝热龙　米歇尔·坎坦　桑巴尔 **著**
（加）桑巴尔 **绘**
陈　潇 **译**

中国和平出版社

The original title of the Work:Savais-tu? Les Goélands
Author:Alain M.Bergeron Michel Quintin Sampar Illustrator: Sampar
First published by Editions Michel Quintin, Québec,Canada
Simplified Chinese edition through Beijing GW Culture Communications Co.,Ltd

中国版权登记号：图字：01-2014-1470

图书在版编目（CIP）数据

海鸥 /（加）贝热龙，（加）坎坦，（加）桑巴尔著；（加）桑巴尔绘；陈潇译. -- 北京：中国和平出版社，2014.9（2020.5重印）
（小牛顿趣味动物馆）
ISBN 978-7-5137-0847-0

Ⅰ.①海… Ⅱ.①贝… ②坎… ③桑… ④陈… Ⅲ.①鸥形目－儿童读物 Ⅳ.①Q959.7-49

中国版本图书馆CIP数据核字(2014)第201930号

海鸥

（加）阿兰·M.贝热龙 米歇尔·坎坦 桑巴尔 著
（加）桑巴尔 绘 陈潇 译

出 版 人　林 云
责任编辑　杨 隽 张春杰
装帧设计　薛桂萍
责任印务　魏国荣
出版发行　中国和平出版社
社 址　北京市海淀区花园路甲13号院7号楼10层（100088）
发 行 部　（010）82093832　82093801（传真）
网 址　www.hpbook.com
投稿邮箱　hpbook@hpbook.com
经 销　新华书店
印 刷　湖北嘉仑文化发展有限公司
开 本　880毫米×1230毫米　1/32
印 张　2
版 次　2014年10月北京第1版　2020年5月第2次印刷
书 号　ISBN 978-7-5137-0847-0
定 价　15.00元

给中国读者的话

你知道吗 这套书描绘了一群有点儿不受人欢迎的动物，里面既有漫画场景，又有科学常识。

你知道吗 我们完全可以在开怀大笑的同时学到很多知识。多亏了漫画，让孩子和成年人记得每一页上讲述的科学知识。

你知道吗 我们三人组合都是做爸爸的人。我们在一起合作了15年。

你知道吗 幽默是无国界的。加拿大孩子们觉得好笑的，相信中国的孩子们也会觉得好笑。

你知道吗 当我们得知这套书将被译成中文时，我们既感到骄傲，又觉得不好意思。

你知道吗 对我们来说，孩子们的笑声是最美丽的音乐。

你知道吗 我们非常希望你们能够喜欢这套书。

Alain M. Bergeron　SAMPAR　Michel Quintin

◆ 感谢这套书让 7 岁以上的孩子在学习动物的过程中充满了更多乐趣。

——《书店》（Le LIbraire）杂志

◆ 非常有趣！值得一读再读！

——《新闻》（La Presse）杂志

◆ 超棒的动物王国小说集！

——《初级教育》（Vivre le primaire）杂志

◆ 严谨的动物知识介绍加上趣味横生的对话，相信这套书在让孩子们了解一些动物的同时也会带给他们无限的欢乐。

——中国科学院动物研究所副研究员 张雯

你知道吗？今天我们在这里所说的海鸥是指地球上鸥科的40多种海鸟。世界各地都有它们的踪迹。大部分海鸥生活在海岸线上。

人类还说我是害虫呢！
真是气死人了，我以前一直以为我是鸭子！

我们需要更多细节……
小偷到底是哪种海鸥呢？

你知道吗？海鸥种类繁多，个体之间差异不大，很容易让人混淆。

你知道吗？有些海鸥喝盐水，这是因为它们的眼眶上拥有特别的腺体，叫鼻盐腺，它可以从血液里提取盐分。

您还需要其他东西吗？

不！
我不要薄饼！
我要鸡蛋和肉！
你指望我能在垃圾桶里找到什么？
奶

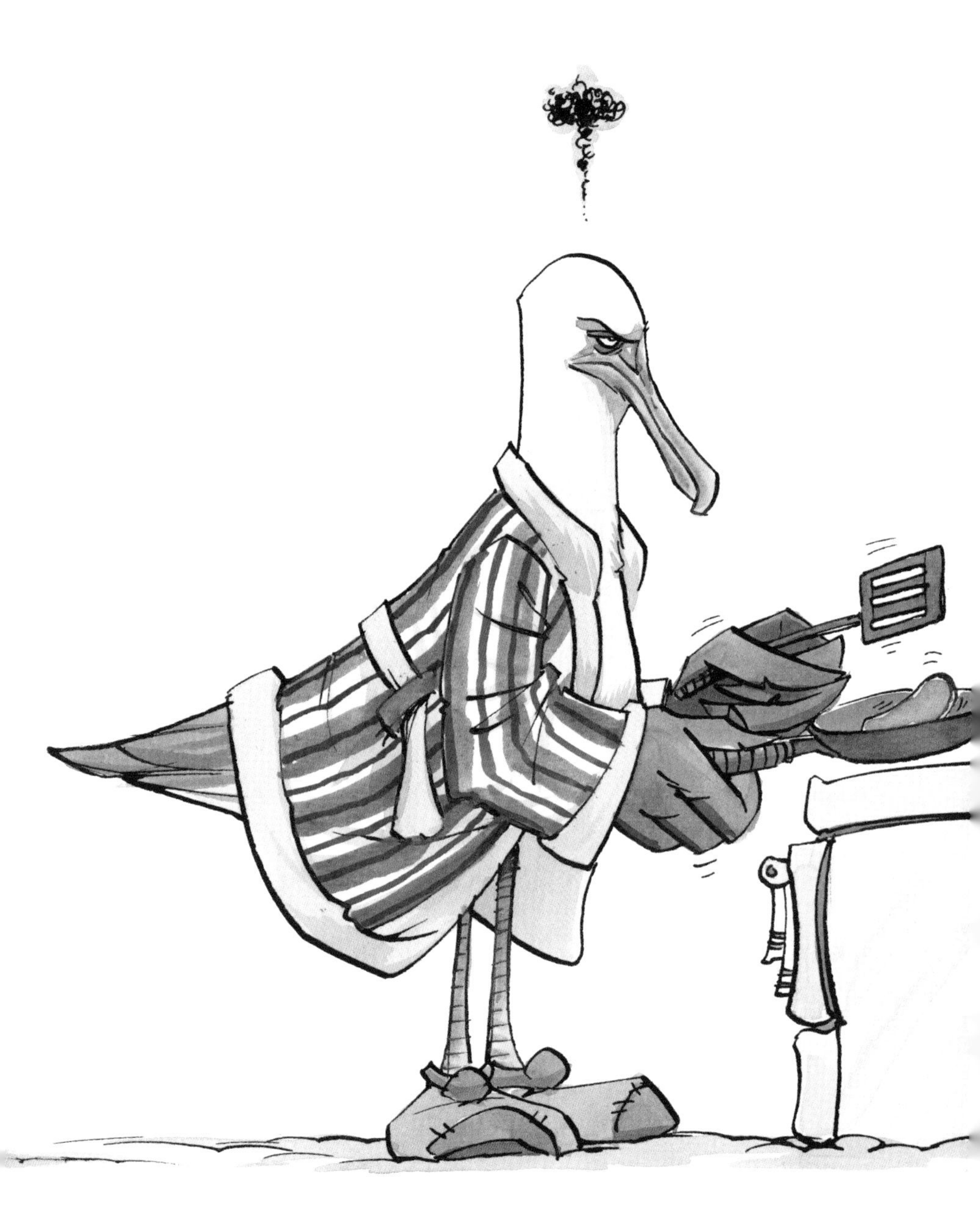

你知道吗？海鸥主要吃鱼、虾和其他水生动物，有时也掠食其他鸟类的卵和幼雏。甚至拣食船上人们抛弃的残羹剩饭。

你知道吗？有些海鸥也袭击鸟类和小型哺乳动物。

!?!

终于摆脱那
只愚蠢的猫了！

你知道吗？海鸥会以“线团”的方式把它们半消化的食物吐出来。

你知道吗？有些海鸥，比如北极的灰翅鸥，它们会吃海洋哺乳动物的粪便。

从呼出来的气味儿来看，应该是你……

你知道吗？有些海鸥会像小偷一样，偷走海上其他鸟类或人类捕获的猎物。

谁干的?
我不知
道，船长!

海盗中
的海盗……

等我找到小偷，就
拿它去喂鲨鱼……

嗯，饱餐之后真是太满足了……
咱们刚才吃的是什么……

你知道吗？海鸥的飞行能力很强，有些海鸥可以逆风飞过一艘船的距离。它可以轻易地潜到水下，收集渔民们扔下海的食物。

医生，我有阴影了。那些家伙在我面前偷走我捕获的鱼……

你知道吗？人们曾经见过一只棕色的大海鸥从鲨鱼嘴里抢走食物。

你知道吗？为了吃到贝壳里的肉，海鸥会把贝壳从空中扔到岩石上，以此来砸开它。

哎哟！
痛！

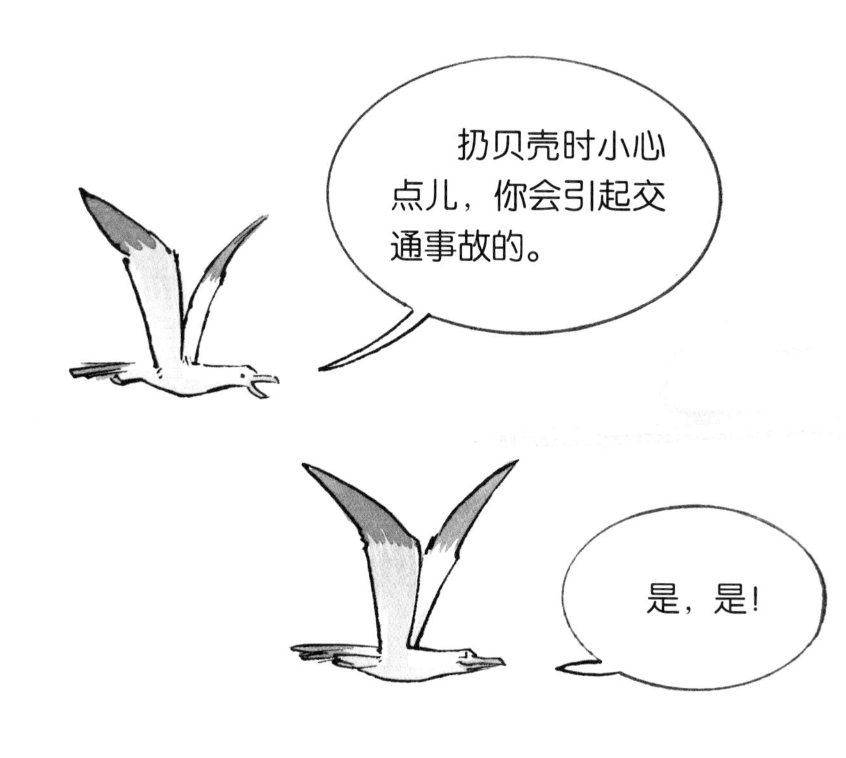

你知道吗？有时海鸥会把贝壳扔到公路和网球场上。

你知道吗？有时海鸥也用扔贝壳的方法杀死小兔子。

祝你下
次好运!

你想成为道路清洁工！这份工作要求很高……

你知道吗？海鸥有着很强的适应能力。由于它们在人类身边生活久了，它们学会了充分利用垃圾场作为丰富的食物资源。

你知道吗？海鸥会跟在田里耕作的农具后面，捕食老鼠、蚯蚓和其他被挖出地面的无脊椎动物。

7

除了薯条，你
不吃别的东西吗？

你知道吗？居住在城市里的海鸥一般是环嘴鸥。作为城市的清洁工，这种鸟通常什么都吃：薯条、食物残渣、垃圾等等。

你知道吗？海鸥通常集群生活在一起，有的群生活着成千上万对海鸥。最大的环嘴鸥群约有8.2万对。

你的餐厅太棒了！你成功的秘诀是什么？
住在悬崖顶的家族……

最后，我还是只孵了一个蛋……

你知道吗？ 雌海鸥通常每次产3枚卵。

你知道吗？在约一个月的孵化期内，雌雄海鸥轮流孵蛋。

不，谢谢！
我还撑得住……

我们饿了！
我们吃什么？
YO!

你知道吗？成年海鸥会在嗉囊里储存食物，需要的时候再将食物吐出来喂给它们的孩子吃。

你知道吗？小银鸥为了告诉大人它们饿了，会敲打它们父母嘴上的红色标记。然后，成年海鸥会把食物吐出来喂给它们吃。

谁跟你讲的?

相信我，
这是为了它的
安全着想……

你知道吗？海鸥的领地意识很强，刚出生的小海鸥如果走出父母的领地，它们会被隔壁的邻居残暴袭击甚至是杀死。

你知道吗？一个银鸥群落将近70%的雏鸟就是以这种方式被杀害的。

你女儿想知道什么是弧线……

您好，夫人！

你知道吗？海鸥无论是雌性还是雄性，外表都长得很像，只是雄性会比雌性个头大点儿。

你知道吗？海鸥最长可以活20多年。

不用担心，爷爷，我们会找到你的嘴巴……

你这儿有更大尺寸的吗？

你知道吗？大黑背鸥体长79厘米，重约2千克，是世界上最大的海鸥之一。

你知道吗？在所有的海鸥之中，环嘴鸥是北美洲最常见的类型。这种鸟类大范围的地理扩张其实是有害无益的。

这是自相矛盾！
尤其是有这么多丰富的食物！
你以为这些多亏了谁？
晨报

我想它撞到
了一只鸽子。
我不想反对你，
但这是小海鸥的毛！

你知道吗？在沿海城市飞机场的跑道上，海鸥构成了人类的一大威胁。一只小海鸥如果被飞机马达卷进去，就可能造成整架飞机的坠毁。

放松！我们不
想欺负你的孩子！
是的！我们只
想吃比萨！！！

你知道吗？在沿海城市里，由海鸥引起的事故频繁发生。繁殖期的成年海鸥尤其凶残，它们会为了小海鸥袭击人类。

本系列都有哪些？

《恐龙》 《老鼠》 《食人鱼》 《鳄鱼》 《鬣狗》

《蚂蟥》 《蟾蜍》 《蛇》 《乌鸦》 《袋獾》

《蝎子》 《变色龙》 《海鸥》 《章鱼》 《螳螂》

《巨蜥》 《海鳗》 《土拨鼠》 《蝙蝠》 《犀牛》

《老虎》 《狐狸》 《猫头鹰》 《狮子》 《蜘蛛》

《秃鹫》 《跳蚤》 《鳗鲡》 《白蚁》 《鼹鼠》